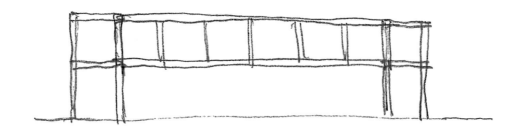

坂茂
建造家的方法

[日] 坂茂 著

一文 译

吃饭睡觉居住
的地方

家的故事

清华大学出版社
北京

我建造家的方法

在设计房子的时候，我特别重视两件事情。

第一，怎么把土地的特点利用起来，让房子的内外融为一体，创造出一个让人舒适的空间。第二，用怎样的方法来创造出这样的空间，也就是建筑方法和建筑材料的问题。

所以，"家的形式"并不是浮于表面的刻意的设计，而是认真思考这两点后，自然而然得出的结果。

建筑材料的话，我会将身边的各种常见的素材，以一种不常见的方式利用起来。

比方说，再生纸做的纸筒（或者叫"纸管"）、啤酒瓶筐、海运集装箱、布、竹子等，这些对我来说都可以是建筑材料。

这样，我们就可以用较低的成本和简单的施工方法创造出前所未有的"家的形式"。

那么，怎么才能创造出让人舒适的空间呢？

通常，待在室内与室外交界的地方，比如日本传统建筑中的檐廊，我们会感到特别舒适。因为在这样的地方，我们可以欣赏景色，感受光影变幻与习习微风，还可以对坐闲谈。

为了让内外空间连为一体，就需要把窗户开得很大。我们可以在墙上大片地安装玻璃推拉门，或者利用本来是为工厂设计的玻璃百叶窗，创造出巨大的开口，让室内与室外的界线变得模糊。待在这样的开口附近，仿佛既不在室外，也不在室内，能感受到自然和时间的推移变化，令人心旷神怡。

　　可是，在盖房子的时候，最重要，也最难做到的，就是同时满足住户们各不相同，甚至是相反的需求。

　　现在，就请你一起来看看，我是怎样用新的建筑方法来实现住户需求，建造出舒适的家的。

纸管围成的家

"什么是纸管？"

纸管就是用再生纸做成的纸筒。纸是一种非常容易取得的材料。

把纸卷成筒状，既强韧，又轻便易搬运。此外，纸给人一种柔和舒心的感觉。

因此，我想到了一种用纸做的柱子围出来的"家的形式"。

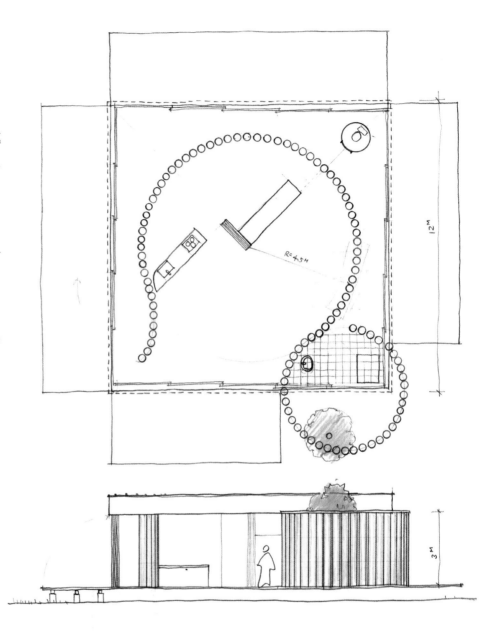

Paper House

"What is a paper tube?"

A paper tube is made of recycled paper. Paper is a material that can be found just about anywhere.

Even a material that is often thought to be thin and weak can become at once strong, light, and portable when made into tubes. Plus, paper has a soft, natural, and livable texture.

We thought about what it means to inhabit a form of "home" surrounded by these paper tubes.

纸管避难所

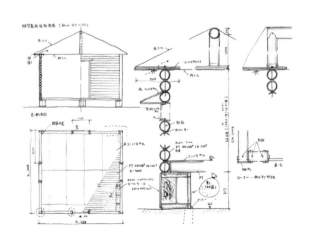

　　充分利用纸的性质，我们创造出了"纸管避难所"这种"房子的形式"。

　　我们用啤酒箱来做房子的基础。

　　这种临时的居所，是为阪神大地震后失去家园的越南籍难民建造的。

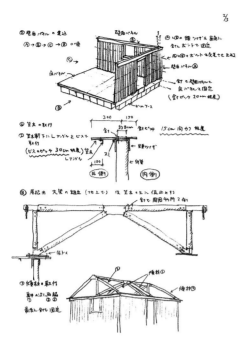

Paper Log House

The Paper Log House is a form of
"home" that takes full advantage of the
material properties of paper.
Beer crates make up the foundation of
the Paper Log House.
These houses became temporary
residences for Vietnamese refugees after
the Great Hanshin earthquake.

避难所使用的纸管隔断体系 [PPS]

2011 年 3 月 11 日，日本东北部地区发生大地震。很多人前往体育馆等场所避难，在正常生活恢复前暂时在此居住。

在这些场所中，纸也派上了大用场。

Paper Partition System

On March 11, 2011, a great earthquake hit the Tohoku region of Japan.

Many citizens were forced to take refuge in school gymnasiums, where they started their temporary lifestyles.

Even here, paper had a crucial role.

The versatile nature of paper helped protect each family's privacy, and provided even the slightest sense of comfort and security to the earthquake victims.

This, too, became a form of "home".

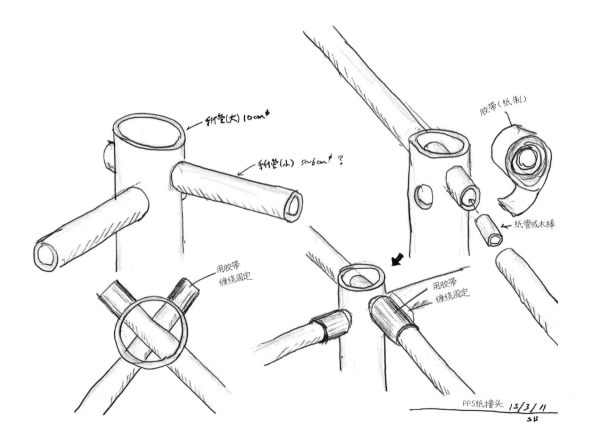

纸使用起来非常方便，有着其他材料无可比拟的优点。

纸管搭建的隔断能让每个家庭都保留一定的隐私空间，从而让人们获得些许安全感与安慰。

这也是一种小小的"家的形式"。

集装箱搭成的家

在地势不平坦的地方，用集装箱来建造多层的临时安置房，这个主意怎么样？

为此，我们详细地考察了集装箱的特性。

集装箱非常结实。集装箱可以堆叠。集装箱容易运输。集装箱可以量产。

看，这就是用集装箱打造的"家的形式"。

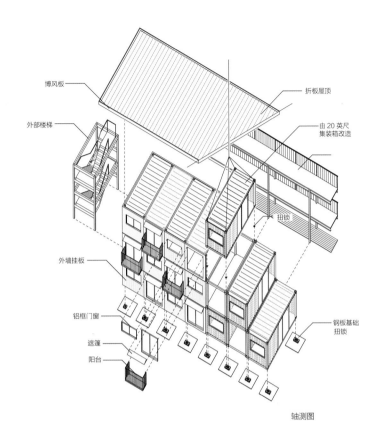

博风板
折板屋顶
外部楼梯
由 20 英尺集装箱改造
扭锁
外墙挂板
铝框门窗
遮篷
阳台
钢板基础扭锁

轴测图

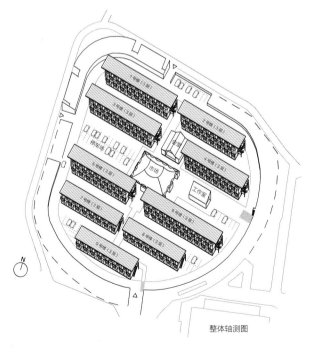

整体轴测图

Container House

In a disaster-sricken area with insufficient flat land to rebuild, we considered shipping containers as a material fit to provide multi-storied temporary housing units.

We studied the shipping container and its properties.

Shipping containers are sturdy. Shipping containers can be stacked. They can be easily transported. And they're mass-produced.

Even a shipping container can transform into a form of "home".

用家具搭成的家

在这个家里，家具组成了建筑的结构。

"什么？家具能作为结构？"

你一定很吃惊吧。

看吧，这就是只有家具的"家的形式"。

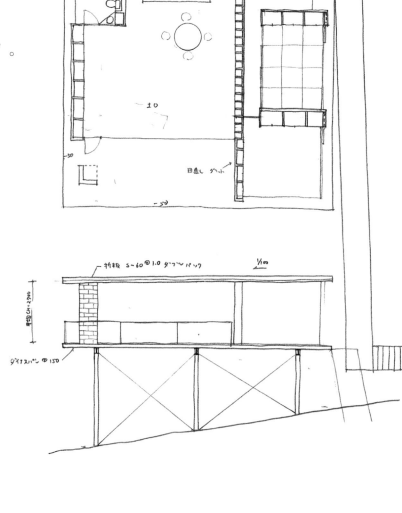

Furniture House

The structure of this house is made up of its furniture.

"A house that's held up by furniture?"

It's true—there are no columns to be seen in this house. Only furniture.

This is a new form of "home".

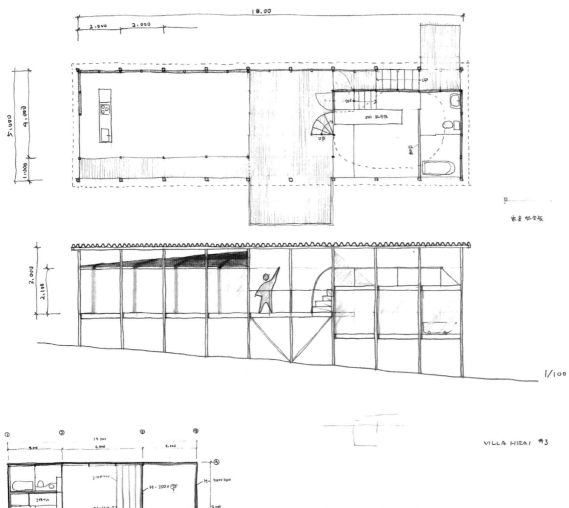

VILLA HIRAI #3

1/100

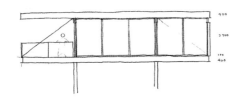

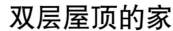

双层屋顶的家

这个家有一个大屋顶，在大屋顶下方还有若干小屋顶。

这样，我们可以在家里打造出舒适的露台或木栈台，
还可以提高房间的隔热性能，令房子更加宜居。

这就是通过屋顶的巧妙设计而诞生的"家的形式"。

House of Double-Roof

This is a house with a big roof that hovers over numerous smaller roofs.

Terraces and decks are made possible by these roofs. The roof system increases the temperature efficiency of each room, making it a pleasant space to inhabit.

A new way of thinking about the roof created a new, comfortable form of "home".

竹家具的家

这个家所在的地方盛产竹子。

所以我们自然而然地想到了用竹子来建造家。

首先，我们将竹子制作成板材。然后，将板材制作成家具。

用板材做家具比较方便。

这个就是用竹家具打造的"家的形式"。

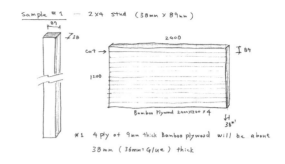

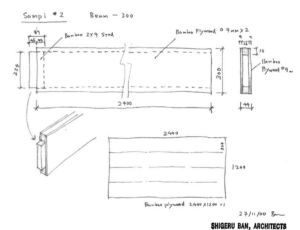

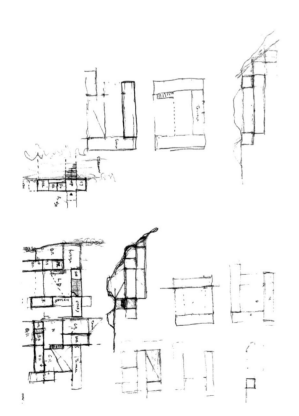

Bamboo Furniture House

Bamboo can be easily acquired in the site of this house.

Naturally, we thought to make a house out of bamboo.

The bamboo was cut and prepared into boards called lumber that could be easily used to make furniture.

This is a form of "home" made of bamboo furniture.

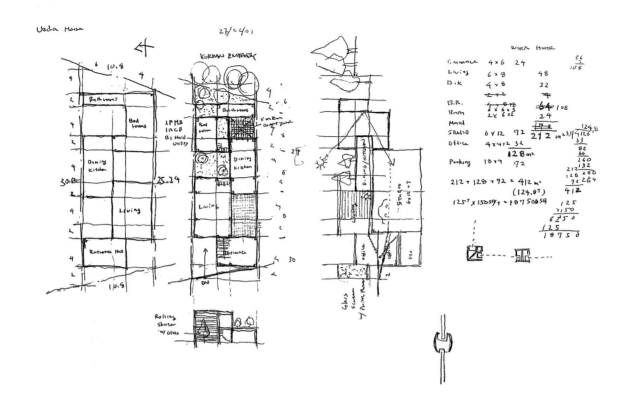

百叶窗的家

百叶窗是门窗上的一种隔断装置。

能否打造出一种以百叶窗为主角的"家的形式"呢？

于是，我在这所房子里安装了许多玻璃百叶窗。

这些百叶窗可以随意升起、降下，将室内、室外空间连通或隔断，从而产生丰富的空间变化。

这是一个非常舒适的家。

Shutter House

Shutters are typically used to block a house from the outside.

We thought to make the shutter the main feature of this "home".

By opening and closing the many glass shutters in the house, the spaces transform between small and big, inside and outside, intimate and vast.

The house constantly changes shape.

用窗帘当墙的家

　　这是以窗帘为主角的家。

　　窗帘又大又轻柔。在街道上，白色的大窗帘会突然随风舞动。

　　这样的"家的形式"，为城市街道增添了一份清爽飘逸的气息。

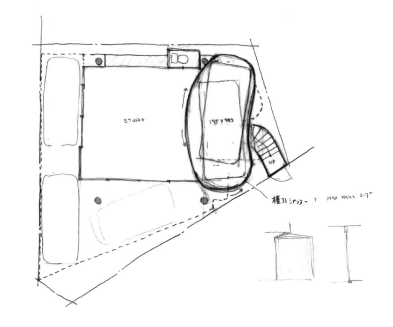

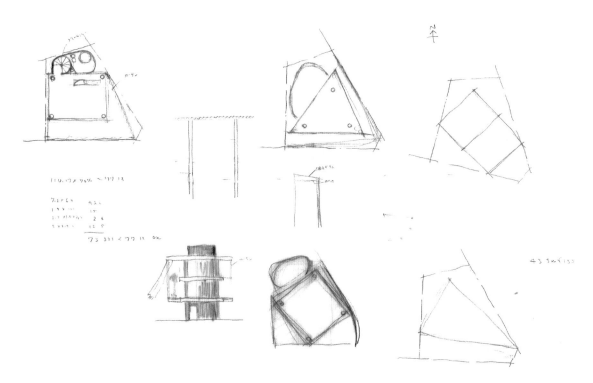

18

Curtain Wall House

The main feature of this house is a large, flowing curtain as light as the wind.

The large, white curtain—seemingly out of place in the middle of the city—dances with the wind that flows through the house.

This 'home' is a pleasant surprise to those who come across it, much like a gentle breeze that flows through the city.

可以看风景的家

我思考过这样一种"家的形式"：窗户又大又宽，好像一个巨大的取景框，把外面的景色框了起来。

无论在家里的什么地方，都能欣赏到宽广美丽的自然风光。

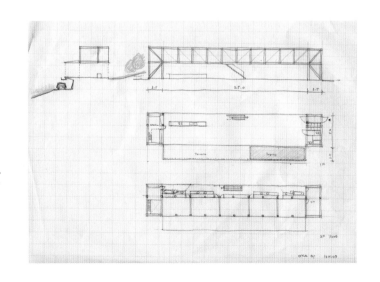

Picture Window House

A window that frames a big, wide landscape takes
the lead role in this "home".
The vast feeling of the big, wide landscape can be
felt from anywhere in this house.

常春藤结构的家

　　房子周边的常春藤墙不仅可以保护室内隐私，还能在地震的时候，吸收房子横向的振动。柱子非常纤细，没有厚重的墙壁，从而形成了一种轻快通透的"家的形式"。

Ivy Structure House

An ivy wall meant to block views into the house from outside also supports the house and protects it from earthquakes.
Thin columns support the house, making thick, solid walls unnecessary. This new form of "home" provides a feeling of transparency between spaces.

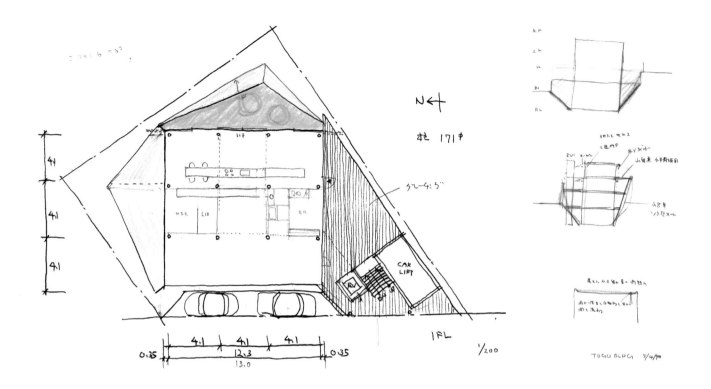

N←

杭 171φ

グレーチング

CAR LIFT

MBR LIB

1FL

0.35 | 4.1 | 4.1 | 4.1 | 0.35
12.3
13.0

1/200

TOGO BLDG 5/4/18

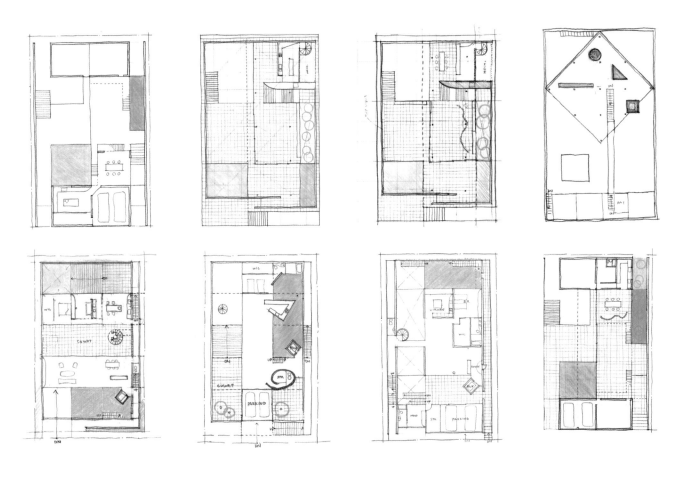

2/5 的家

这个"家的形式"是把一块长方形的地划分成 5 个细长的长方形。

然后将其中 3 个长方形作为庭院，剩下的 2 个（2/5）作为室内空间。

把门全部打开，5 个空间又可以重新连为一体。

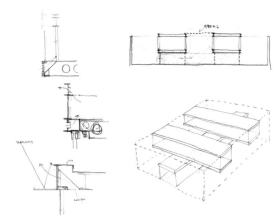

2/5 House

Splitting a rectangular site into 5 long parts,

3 parts were turned into courtyard space, while the

remaining two became indoor spaces.

This "home", while divided into a 5-part grid,

becomes one space just by opening the sliding doors.

裸露的家

这是一种毫无遮挡的裸露的"家的形式"。每个单独的房间都附着滚轮，可以自由地在家中变换位置，甚至移到屋外。半透明的乳白色的外墙将柔和的光线引进室内，进一步营造出通透的感觉，仿佛让人放下心灵防备的怡人的温室。

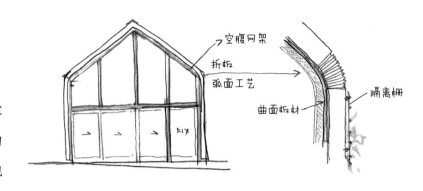

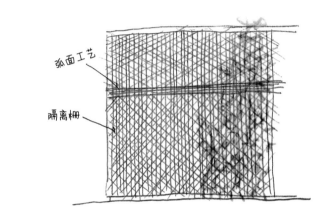

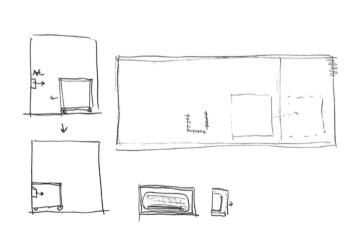

Naked House

This new form of "home" is a completely naked house.

The rooms of this house can be rolled on casters, and moved freely within and outside the house.

The translucent white walls of the house let in a glow of light, making the house all the more "naked" throughout.

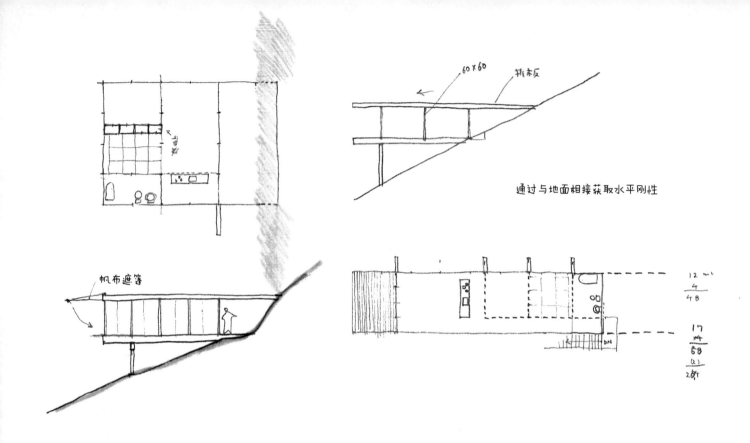

通过与地面相接获取水平刚性

没有墙壁的家

　　墙壁在"家的形式"中是非常重要的建筑元素。墙壁的处理能极大地影响"家的形式"，会让它变得很有趣，或者很无聊。

　　我想减少家中的建筑元素，创造出更简洁的"家的形式"。

　　去掉墙壁后，家里就只剩天花板和地板。在这样的家里生活，就仿佛飘浮在天与地之间。

Wall Less House

Walls are an essential building element to create the form of a "home".

The form of a "home" can depend deeply on the treatment of one single wall.

What would happen if a house didn't have conventional building elements, and a simpler form of "home" could be made?

Without walls, a space is made up of the ceiling and floor alone. In this new form of "home", a lifestyle exists as if afloat between earth and sky.

家的设计，其实比美术馆、写字楼等规模更大的建筑的设计要难得多。家的设计需要针对每个人不同的生活方式和价值观，一一打造出特殊的设计方案；而美术馆和写字楼虽然规模很大，却没有这个必要，可以使用常见和通用的设计方案。所以，不少建筑师在成了名，开始赚大钱之后，都放弃了家的设计，只接大的项目了。毕竟，这样的工作更轻松，设计费也更多。但是，我尊敬的那些建筑师，如密斯·凡·德·罗、勒·柯布西耶、阿尔瓦·阿尔托和路易·康等，他们在成名之后，依然坚持从事家的设计。

家的设计是对自己的终身磨炼，可以试验、发展各种新的创想。

所以，我一生都不会放弃家的设计的。

■ 住宅作品年表	黄色 = 书中出现的作品		
1986 年	TCG 别墅	2001 年	胶合板三角网格住宅
1987 年	K 别墅	2001 年	纸管临时住宅·印度
1989 年	M 邸	2002 年	观景窗住宅
1990 年	TORII 别墅	2002 年	竹家具之家
1991 年	声乐家的家	2003 年	玻璃百叶窗之家
1991 年	I 住宅	2003 年	摄影师的玻璃百叶窗住宅
1991 年	KURU 别墅	2004 年	羽根木之森附属建筑
1991 年	PC 桩住宅	2004 年	新潟中越地震避难所房间隔断体系
1992 年	石神井公园集合住宅	2005 年	基林德村灾后复兴住宅
1993 年	双重屋顶住宅	2005 年	米卢斯 Multi 住宅
1994 年	牙医之家	2006 年	员工宿舍 H
1995 年	家具之家 NO.1	2006 年	E 宅
1995 年	纸屋	2006 年	萨加波纳克住宅
1995 年	帘墙住宅	2006 年	避难所房间隔断体系 3
1995 年	2/5 住宅	2008 年	新月住宅
1995 年	纸管临时住宅·神户	2009 年	龙卷风灾后复兴住宅 MAKE IT RIGHT
1996 年	家具之家 NO.2	2009 年	生物学家的纸屋
1997 年	没有墙的家	2009 年	羽根木公园之家·樱
1997 年	羽根木之森	2009 年	OVALESS 住宅
1997 年	九宫格住宅	2010 年	VISTA 别墅
1998 年	常春藤结构 1	2010 年	羽根木公园之家·风景之道
1998 年	家居之家 NO.3	2010 年	金属百叶窗住宅
1999 年	联合国难民事务高级专员办事处纸避难所	2010 年	海地地震复兴支援紧急避难所
2000 年	常春藤结构 2	2011 年	避难所房间隔断体系 4
2000 年	纸管临时住宅·土耳其	2011 年	女川町集装箱多层临时安置房
2000 年	裸宅		

解说

与坂茂对谈

将概念付诸实践的力量

创造与美

　　人们在看到一个东西的瞬间，就会对它产生判断：这个东西是危险的，肮脏的，强悍的，或是柔弱的。人们根据自己的判断，来调整对这个东西的态度。美的东西会让人产生崇高感和愉悦感，让人珍视并愿意与其长久相处。美的东西，也许是人类喜悦之情的根本来源。区别美与不美的关键是物品的形象，物品的形象对我们可能是一种信号。

　　然而，对美也容易产生误解。一旦觉得一样东西是美的，就很容易认为它是"为了美而特意创造出来的"。但大部分美的形式，并非是为了这种形式而生的。我们可以用花来举例。再美的花，都不是为了迎合人类的眼光而盛开的。即便是人工制品，也是这个道理。物体与环境的关系、物体的功能和材料、制作方法、使用方法等，才是塑造物体形式的因素，美与不美则在其次。这些因素塑造出来的形式，如果是美的，那么也只是一种结果，而不是目的。

　　建筑的建造方法各种各样，而坂茂的建筑可谓发现性的创造。坂茂的建筑很美，但美并非目的，而是附带的结果。不是刻意将建筑造成美的形式，而是在详细研究、整理所要建造的建筑的各种信息，推敲出它应有的姿态（概念）之后，将这一切汇集为一种形式体现出来。这是坂茂创造建筑的方法。

　　本书中出现了各种住宅，乍一看，大家可能会觉得每个都很简单质朴。这些建筑并不是为了追求形式或美。坂茂在做设计时，充分审视了各种条件，构思出强韧且纯粹的概念，一种简洁的美便应运而生。

用什么建造，怎么建造

让我们具体来看一下住宅的建造方法。先来看用什么材料建造的问题。有时，坂茂会用一些通常不会在建筑上使用的材料来进行建筑设计。这么做的起因，要追溯到坂茂大学毕业后不久。当时他接手了一个展会会场设计的活，要求以低成本完成。他偶尔发现事务所的一角堆着大量纸管。面对这些即将被抛弃的纸管，坂茂动起了脑筋：能不能用它们来做些什么呢？这就是坂茂与纸管的缘分的开端。在首次将纸管用于展会会场设计后，坂茂又做了进一步研究，检验纸管是否能够适用于建筑。用再生纸制作的纸管，经济、轻便，容易获得，而且抗拉、抗压。坂茂的发现，让原本废弃的纸管转变成极具价值的建筑材料。坂茂设计的纸管建筑，不仅有书中提到的住宅，还有教堂和美术馆。不过，他并不是因为觉得有趣，或者出于猎奇的目的而用纸管来建造建筑的。使用纸管是经过慎重的选择的，当预算有限，或者需要建造可移动的建筑，或者建造灾后临时避难所的时候，就该纸管大显身手了。

接下来，再看看怎么建造的问题。说到怎么建造，就要讲讲建筑的构法，这是我们平时并不会注意到的。不过，坂茂是非常重视构法的建筑师。比如，用纸管建造建筑，就不能使用与木建筑或钢铁建筑相同的方法。既然选择了非常规的素材，那么就要为这种素材推敲出新的构法。其实，建筑发展的历史走的也是这样一条道路。当人们能够大批量生产钢铁、玻璃等人工材料时，便面临着这样的问题：用这些材料建造建筑，与以往使用木头和石头有什么不同？人们苦心思考、实验，最终开拓出通往新建筑的道路。跟前人一样，利用纸管、集装箱、啤酒箱等进行建造的坂茂，也在通过他的每个作品开辟新的道路，为各种素材赋予了更多可能性。

与人生相似

很多时候，利用手边的、容易获得的东西来建造建筑，只是不得已而为之的。然而，坂茂为了建造出一座建筑则会全力以赴：做此刻能做的一切事情，最大限度地发挥出手边材料的可能性，从调拨物品、寻找生产工厂，到为了凝聚众力而建立人际网络，坂茂对整个建造过程注入了满腔热血，甚至也不放过那些十分必要却看不见的环节。因为，他不想应付差事地造一个徒有其表的东西，而是想建造出真正有意义的建筑。坂茂在讲述自己的建筑时，言语间时不时会透露出这样的态度。"这与人生是一样的。"

坂茂小的时候，他的母亲经营着一家裁缝店，店里有几名做针线活的女工。家中配置了女工的宿舍，所以，时常有工匠来对房子进行改扩建。看着工匠们干活，坂茂也逐渐对建造工作产生了兴趣。不过那时，他还不知道工匠与建筑师之间的区别。

高中毕业后，坂茂赴美学习建筑。当时，他对英语还一窍不通，就跑到了美国，"那段时间是最辛苦的。但收获也是最多的"。坂茂的做事风格，从那时起就一直没有变过。与其瞻前顾后，不如直接行动起来，遇见问题后再改善。听上去很单纯，但这份勇气，或许正是建筑师坂茂的法宝吧。

有钱有势的人、普通的人、吃不饱饭的难民——为这么多人都建造过建筑的，大概只有坂茂了吧。从美术馆、教堂，到住宅、临时安置房、避难所，各种规模的都有。建造如此之多的形形色色的建筑，需要花费大量的时间，遇见数不清的人和事。这条路光是想想，就觉得艰辛而漫长。但与其空想，不如先迈出一步，把眼下能做的事情都做了，能用的资源都用上。最初的结果可能不甚理想，这也没有关系，通过调整、改善，便又能前进一大步。坂茂对人生的态度，与对建筑的态度，可谓是一致的。

坂 茂（SHIGERU BAN）

1957 年生于日本东京。毕业于库珀联盟建筑学院。1982 年入职矶崎新工作室。1985 年创立坂茂建筑设计。1995 年任联合国难民事务高级专员办事处顾问，同时创立"志愿者建筑师组织"（VAN）。主要作品有帘墙住宅、汉诺威世博会日本馆、尼古拉斯·G. 海耶克中心、蓬皮杜梅斯中心等。曾获法国建筑学院奖金奖（2004）、阿诺德·W. 布鲁纳纪念奖建筑类世界建筑奖（2005）、日本建筑学会奖作品类（2009）、法国艺术文化勋章（2010）、奥古斯特·佩雷奖（2011）、艺术选奖文化部科学大臣奖（2012）等。2001 年至 2008 年，任庆应义塾大学环境信息学院教授。历任哈佛大学 GSD 客座教授、康奈尔大学客座教授等，2011 年 10 月起任京都造型艺术大学教授。

后　记

我高中毕业后，立刻就去了美国。

去美国是因为当时我下定决心，一定要在库珀联盟学院学习建筑。

看似莽撞的决定，却可以让我遇见许多优秀的人，让我在"一着不慎、满盘皆输"的人生选择中"误打误撞"地走上了一条幸运的道路，得以从自己憧憬的"纽约五人组"那里学习建筑。

可是，即便在我心向往之的库珀联盟，也有无尽的困苦在等待着我。

大学的教育方针与我的做事风格有偏差。个性强硬的教授（建筑师）很难打交道。

尽管如此，我初期的住宅设计作品，深深地透露着我的老师约翰·海杜克对我的影响。

如果大家能通过这本书感受到这点，我会非常高兴。

最后，我要向本书的策划者真壁智治先生表示感谢，是他给了我这次富有魅力的创造一本书的机会。

事实上，35 年前，在我赴美的觉悟与决断背后，给予我最大支持的，正是真壁智治先生。

而现在，我又把建造家的一些原则、理论通过这本书分享出来，这真是一种奇妙的缘分。

把这本书献给想要建造家、成为建筑师的小朋友们。

坂 茂

2013 年 3 月